Elisabeth Beck

DER BLUMENSPIEGEL

DER BLUMENSPIEGEL

Eine indische Liebesgeschichte

Von einem alten Sanskritmanuskript
ins Englische übertragen
von F.W. Bain

Deutsche Übersetzung und Neubearbeitung
von Elisabeth Beck

Illustrationen: Usha R. Patel

Birkhäuser Verlag Basel

ISBN 3-7643-0640-8

ANRUFUNG

Ich verneige mich vor Maheshvara und vor der Allmacht seines dritten Auges: jenem Auge, das den Leib des Liebesgottes mit lodernden Flammen verzehrte und das dennoch mit der Sanftheit einer Blume auf der scheuen Parvati ruhte, als sie ihm, den Anblick ihrer Schönheit wehrend, seine beiden anderen Augen mit den Händen verschloß[1].

[1] Siehe Anmerkungen, Seite 87

In einem anderen Weltzeitalter lebte ein König, dem zwei Dinge auf der Welt den Schlaf raubten: ein mächtiger Feind und eine schöne Tochter. Sein Feind war jung und tapfer, seine Tochter außergewöhnlich klug und noch unvermählt. Eines Nachts, als er wiederum wachte und grübelte, schoß ihm plötzlich ein Gedanke durch den Kopf, und er rief: Ha, ich werde dieses Gift und diesen Nektar mischen, ich werde mit dem Meer ihrer Schönheit das Feuer seines Hasses löschen! Auf diese Weise gewinne ich Sicherheit für mein Reich, für meine Tochter einen Gatten und für mich Frieden und Befreiung von der Furcht. Dieser Gedanke gefiel ihm so sehr, daß er aufsprang und einen lauten Schrei ausstieß. Die Wachen vor der Tür, die ihn in Gefahr glaubten, stürzten herein und erblickten ihren König, der durch den Raum hüpfte wie ein Kind und in die Hände schlug und rief: Ha, mein Feind, haha, meine Tochter! Erschrocken flüsterten sie untereinander: Ganz sicher hat er den Verstand verloren und ist wahnsinnig geworden. Doch der König befahl Musikanten zu sich und vergnügte sich die ganze Nacht, voller Unrast und Ungeduld den Morgen erwartend.

Als dann der Tag anbrach, wählte er einen Boten und sandte ihn mit diesen Worten zu seinem Feind: Laß uns fortan Freunde sein und unsere Königreiche in Frieden regieren, und ich werde dir meine Tochter zum Weibe geben, ohne etwas zurückzufordern. Die Kostbarkeit meiner Gabe aber kannst du erst ermessen, wenn du sie siehst, denn wollte ich dir ihren Wert und ihre Eigenschaften mit Worten beschreiben, so wäre ich nur ein Lügner. Der Bote entfernte sich mit diesem Auftrag; des Königs Tochter aber, als sie davon hörte, sandte ihm heimlich einen ihrer Diener nach, damit er alles über ihren künftigen Gemahl in Erfahrung bringe.

Die Zeit verging, und der Bote blieb so lange fort, daß der König vor Ungeduld und Ärger außer sich geriet. Eines Tages, als er sich in den Gemächern seiner Tochter aufhielt, meldete ihm eine Türhüterin: O Herr, Euer Bote ist zurückgekehrt, wie lauten Eure Befehle? Der König ließ ihn unverzüglich hereinführen, und der Bote trat ein, staubbedeckt und behaftet mit den Spuren einer langen Reise. Der König blickte mit vor Zorn geröteten Augen auf ihn und sprach: Welche Strafe erwartet den säumigen Boten, der in des Königs Auftrag reist? Da legte der Bote die Hände aneinander und sprach: O Herr, möge

Euer Zorn nicht den Unschuldigen treffen! Denn ich eilte schneller als der Reisende, der in der Regenzeit zu den Liebkosungen seines Weibes heimkehrt. Meine Säumnis wurde allein durch die Narrheit jenes Mannes verursacht, der der Gemahl Eurer Tochter werden soll. Hört mich an: Unlängst geschah es, daß der junge König von der Schlacht gegen einen aufsässigen Vasallen heimkehrte, und zwar zu einer Zeit, da niemand ihn zurückerwartete. Er betrat seine Gemächer und erblickte dort sein einziges Weib in vertrauter Unterhaltung mit einem Manne, den sie in Frauenkleidern in den Palast hatte bringen lassen. In diesem Augenblick überkam den König der Ekel vor der Welt und ihren Täuschungen, vor allem aber vor den Frauen. Er verbannte die Königin aus seinem Reich, er selbst aber wandte sich von den Freuden und Pflichten seines königlichen Daseins ab und streifte sein bisheriges Leben von sich wie eine Schlange ihre alte Haut. Und seither haust er in einem verlassenen Tempel, der unweit seiner Hauptstadt im Wald bei einem heiligen Lotosteich liegt. Dort lebt er wie ein Asket und verschließt sich vor dem Umgang mit Menschen. Selbst seine Minister dürfen ihn nur wegen dringendster Staatsgeschäfte aufsuchen. Lange schon hatte ich ihm meine Ankunft angekündigt, da ließ er mich eines Tages zu sich rufen. Ich begab mich am frühen Morgen zu dem Tempel im Wald und wartete. Plötzlich stand der König vor mir, und ich war von seinem Anblick geblendet wie vom Licht der aufgehenden Sonne. Er war groß und schön, ein König unter den Königen, und er glich einem funkelnden Rubin, denn die Sonne ließ die rote Baumrinde, die seinen Körper bedeckte, aufleuchten und bekränzte ihn wie mit Flammen. Er sprach zu mir: Kehre zu deinem Herrn zurück und richte ihm aus, daß ich um meines Königreiches willen und des seinen sein Angebot annehme. Frieden und Freundschaft sollen zwischen uns herrschen, und seine Tochter wird das Pfand unseres Bündnisses sein. Ich werde diese, wie es einer Königin gebührt, bei mir aufnehmen, doch nicht als mein Weib! Und wenn wir das Feuer zusammen umschritten haben, muß sie allein für sich in ihrem Palaste leben und mein Dasein vergessen.

Als der Bote in seiner Erzählung an diesem Punkte angelangt war, rief der König voller Zorn: Wie kann er es wagen, mir eine derartige Antwort zu erteilen und mich und meine Tochter durch solchen Vorschlag zu beleidigen! Doch seine Tochter, die neben ihm saß, lachte und sagte:

O lieber Vater, wie kommt es nur, daß mit all Euerem weißen Haar Ihr so wenig wißt von Männern und Frauen, von Staatskunst und sogar von mir? Der König antwortete erstaunt: Tochter, was sollen diese Worte, und was willst *du* von Männern und Frauen wissen oder gar von Staatskunst, die du gerade fünfzehn Jahre alt bist? Die Prinzessin erwiderte: Vater, alles ist nach Euerem Wunsch gegangen, und dennoch seid Ihr nicht zufrieden und wollt den Vorschlag meines künftigen Gemahls zurückweisen. Der König rief: Wie sollte ich zufrieden sein und wie könnte ich dich einem Gatten geben, der dich nicht als sein Weib behandeln will. Welche Ungereimtheiten sprichst du, Tochter?

Da erhob sich die Prinzessin und klatschte in die Hände, daß ihre Armreife klangen. Und sie stampfte so heftig auf den marmornen Boden, daß der rote Abdruck ihres kleinen Fußes[2] darauf zu sehen war und ihre Fußspangen erschrocken klirrten. Ihre Lippen aber wölbten sich wie Kamas Bogen, und es schien, als wollte sie die spitzen Pfeile ihrer verächtlichen Worte von sich schnellen. Und sie rief: Vater, würdet Ihr die Staatskunst beherrschen, Ihr wieset ein vorteilhaftes Bündnis nicht aus Ärger, der verletzter Eitelkeit entspringt, zurück. Würdet Ihr die Männer verstehen, Ihr ersähet aus der Antwort meines Gatten, daß er ein Herrscher unter den Menschen ist und Eurer und meiner wert. Würdet Ihr die Frauen kennen, Ihr wüßtet, daß wohl einer, der sich niemals an ihrer Süße berauschte, sein Leben ohne sie verbringen kann. Doch derjenige, der einmal ihren Nektar gekostet, muß es immer wieder tun, selbst wenn Götter und Dämonen ihn daran hindern. Würdet Ihr aber mich kennen, o Vater, Ihr wüßtet, daß ich diesen Gatten haben will, unter welcher Bedingung auch immer. Und wie ein Schlangenbändiger werde ich ihn locken und zähmen, bis er tanzt, wie es mir gefällt. O Schmach über die Frau, die ihren eigenen Gatten nicht zu lenken vermag! Erstaunt sagte der König: Tochter, du bist zwar klug und in den Wissenschaften wohl bewandert, doch du bist noch ein Kind, und in der schwierigen Kunst, einen Gatten zu umschmeicheln, hast du erst die Anfangsgründe zu erlernen. Die Prinzessin erwiderte lächelnd: Lieber Vater, die Meisterschaft in den Künsten der Frau kommt nicht mit Alter und Erfahrung, die sie ihr vielmehr rauben. Lehrt denn der Schöpfer den Lotos, zu blühen, oder die Biene, den Honig zu sammeln, oder lehrt er die Spinne, das Netz zu weben? Und gäbe er dem Elefan-

ten seine Weisheit und ließe allein das Weib ohne die Fähigkeit, die ihre eigenste Natur ist? O Vater, laßt mich diese Bürde von Euren Schultern nehmen und auf meine eigenen legen. Sendet Euren Boten, um meines Gatten Vorschlag anzunehmen, und dann schickt mich so schnell wie möglich zu ihm.
Der König willigte ein, denn er vermochte ihr nicht zu widersprechen. Und er sandte seinem Schwiegersohn die Botschaft: Ich nehme deine Bedingung an und sende dir meine Tochter zu Beginn des neuen Mondes. Mögest du deine Ansichten ändern, möge das Glück mit euch sein! Als der Bote bereit war, befahl ihm die Prinzessin: Überbringe meinem Gatten diese Kundschaft von mir, aber hüte dich, ein Wort hinzuzufügen oder wegzulassen: Deine Sklavin hat die Worte ihres Herrn vernommen und wird am Tag des jungen Mondes bei ihm sein. Doch sein Auge soll nicht durch ihre Gegenwart beleidigt werden noch sein Ohr durch ihre Stimme, und sie wird ihm ihre Ankunft durch einen Boten wissen lassen. Als der junge König dies vernahm, dachte er: Ihre Worte sind sanft und schlau und wie Balsam für das Ohr, doch sie ist ein Weib, und nicht einmal ihr Schatten soll mir nahe kommen. Und er hauste weiter in dem verlassenen Tempel am Lotosteich. Schließlich kam der letzte Tag der dunklen Monatshälfte und der Vorabend des neuen Mondes[3]. Mit ihm kam des Königs Tochter und ihr Gefolge. Und sie ließ ihr Lager außerhalb der Hauptstadt aufschlagen, nahe dem Wald, in dem der junge König lebte.

WÄHREND DER MOND SICH FÜLLT

MANGO

Am ersten Tag der lichten Monatshälfte erhob sich der König vor Sonnenaufgang und trat aus dem Tempel. Er stieg die Stufen hinab zum Teich, in dem die Lotosknospen der Sonne entgegenharrten, die sich hinter den östlichen Bergen erhob. Der König betrachtete sie gedankenverloren, da erblickte er plötzlich ein Mädchen, das unter den Bäumen hervortrat und mit huschenden Füßen auf ihn zueilte, eine Mangoblüte in ihrer Hand. Sie war wie die Verkörperung einer Neumondnacht, deren tiefdunkles Blau der Farbe ihres Gewandes glich und deren hauchzarter Sichelmond in der weißen Blüte des Mango wiedergeboren schien. Der König wandte sich voll Ärger und Widerwillen ab, doch sie kam die Stufen herauf, stand ehrerbietig beiseite und sprach: O König, meine Herrin ist angekommen und sendet mich, Euch dies zu sagen. Sie erfleht Eure Vergebung, daß ihr Bote ein Mädchen ist, doch jemand, der ihr Vertrauen genießt, kann kein Mann sein. Und sie sendet ihrem Gebieter durch diese unwerten Hände eine Blüte, und wenn sein Schlummer süß war, wird auch ihr wohl sein.

Abweisend entgegnete der König: Cheti[4], sage deiner Herrin Dank für die Botschaft und die Blüte. Und sage ihr weiter, daß der Schlaf nur zu jenen kommt, die nicht in die Wirrnisse der Welt verstrickt waren. Für einen Verwundeten jedoch ist nach einer leidvollen Nacht die einzige Arznei der Morgen. Die Cheti sagte schnell: Ihr täuscht Euch, Herr, es gibt andere und bessere Arzneien. Und ich kenne sowohl Eure Wunde als auch ihre Heilung! Der König blickte sie überrascht an und sprach: Mädchen, du bist vorlaut wie alle deiner Art und deines Geschlechtes! Die Cheti erwiderte leise: O Herr, wißt Ihr wirklich so viel über diejenigen meiner Art und meines Geschlechtes und habt Euch dennoch vor Gram über die Nichtigkeit eines einzigen Weibes zum Gefangenen Eurer selbst in diesem verlassenen Tempel gemacht? Höret, einst lebte ein König, der war jung und unerfahren in den Wegen der Welt, und er hatte ein Weib, das er liebte. Aber sie starb. Da wandte er sich vom Leben mit seinen Lasten und Freuden ab und verzehrte sich vor Gram an einem abgelegenen Ort, so wie Ihr es tut. Als niemand ihn zur Rückkehr zu seinen königlichen Pflichten bewegen konnte, machte sich schließlich sein alter Guru[5] auf den Weg zu ihm. Und er kam zu dem König, der, wie Ihr, seinen Körper mit Baumrinde bedeckt hatte, und stellte sich wortlos neben ihn. Während sie schweigend beieinander standen, flatterte plötzlich das vertrocknete Blatt eines Bambusbaumes zu Boden, genau wie jenes gelbe Blatt dort drüben, das in die stillen Wasser des Teiches gleitet. Wie nun der Alte das Blatt sah, stieß er einen Schrei des Schmerzes aus, warf sich zu Boden, zerriß seine Kleider und überhäufte mit beiden Händen sein Haupt mit dem Staub der Erde. Erstaunt sagte der König: O Vater, was ist die Ursache Eures plötzlichen Schmerzes? Da rief der Rishi[6]: Wehe, bemerktest du nicht das Blatt, das von dem Bambusbaume fiel? Der König verwunderte sich noch mehr und sprach: Ehrwürdiger Vater, ganz sicher seid Ihr von einem Wahn befallen. Wie kann ein Blatt, das vom Baume fällt, in Euch so tiefen Schmerz hervorrufen? Der Weise antwortete: O König, du beschuldigst mich des Wahnes, der ich den Fall eines einzigen Blattes beklage, du selbst aber hast dein eigenes Leben aus Schmerz um den Tod einer Frau verlassen. Ist dies nicht ganz das gleiche? Was ist der Tod eines sterblichen Wesens anderes als der Fall eines Blattes vom Baume der Menschheit? Und wie groß, o König, ist dein eigener Wahn, der du um der Vergänglichkeit eines einzigen Weibes dein königliches Dasein aufgibst? Sind nicht die Frauen von Natur aus flüchtiger als die Blätter des Bambus? Und du willst in einen See unendlichen Schmerzes tauchen, nur weil ein einziges Blatt sich vom Baume löste?

Nachdem die Cheti so gesprochen, legte sie die Mangoblüte zu des Königs Füßen nieder, wandte sich um und ging eilig fort. Der König stand voller Erstaunen und blickte ihr nach. Seine Augen aber, wie Rebellen gegen seinen Willen, spiegelten die Anmut ihrer Gestalt, die sich wiegte und bog wie ein Schwan, der über einen See dahingleitet. Dann bückte er sich, nahm die Blüte auf und sprach: Mango, süß ist dein Duft, und Musik war die Stimme dieses kühnen Mädchens, das für ihre Herrin stritt. Doch sie ist ein Weib, und wie recht hatte sie, als sie sagte, daß alle ihres Geschlechtes leicht und nichtig und flatterhaft seien wie die Blätter des Bambus, die sich im Winde wiegen, der sie streift. Er warf die Blüte von sich und war verwirrt in seinem Herzen, und er grübelte den ganzen Tag, bis die Nacht anbrach.

PATALI

Ohne Schlaf zu finden, lag der König auf seinem Lager aus Blättern und Gräsern. Er erhob sich noch vor der Sonne, trat aus dem Tempel, und während er langsam die Stufen, die zum Teich führten, hinabschritt, verblaßten die letzten Bilder der Sterne im Wasserspiegel, und der Tag brach an. Plötzlich erblickte er die Cheti, die unter den Bäumen hervortrat und mit huschenden Füßen auf ihn zueilte, eine Pataliblüte in der Hand. Freude stieg in ihm auf, denn sie erschien ihm wie der verkörperte Lebenssaft vom Baume der Jugend. Sie kam die Stufen herauf, stand ehrerbietig neben dem König und sprach: O König, meine Herrin sendet ihrem Gebieter durch diese unwerten Hände eine Blüte, und wenn sein Schlummer tief war, wird auch ihr wohl sein.

Der König antwortete: Cheti, wie kann der Ruhe finden, dessen Erinnerung wund ist von den Leiden, die ihm dasjenige Geschlecht zufügte, das selbst in deinen Augen flatterhafter ist als das Blatt des Bambus? Ein leises Lächeln spiegelte sich in den Augen der Cheti, als sie sagte: O Herr, wie kommt es, daß Ihr von den Frauen so gering denkt und gerade meinen Worten solch Gewicht beimeßt? Verwirrt antwortete der König: Mädchen, obzwar du noch jung bist, ist doch bereits die ganze trügerische Falschheit deines Geschlechtes in dir. Und wenn so die Dienerin ist, wie könnte die Herrin anders sein? Die Cheti erwiderte: O König, was wisset Ihr über die Blumen, da Ihr nur die Disteln kennt? Meine Herrin aber ist wie die herrliche Blüte in meiner Hand! Und glaubtet Ihr wirklich, der Schöpfer, der jeder einzelnen Blume ihre Besonderheit gab, hätte die Frauen alle gleich gemacht? Nein, einige sind wie dieser Patali herrlich anzusehen, andere aber, wie der Mango gestern, verströmen ihren süßen Duft. Und wieder andere sind wie jenes Weib, deren Gatte eine Reise antrat und nicht zurückkehrte. Jahr um Jahr verging, und an jedem Tag in all den Jahren wurde sie von Freiern bedrängt, die, angelockt von ihrer Schönheit, sie um so heftiger umwarben, je abweisender sie war. Eines Nachts nahm sie einen Docht und eine Lampe und füllte diese mit Öl, zündete sie an und stieg hinab zum Ufer der Ganga. Dort sprach sie zu sich: Diese Flamme ist das Leben meines Gatten. Ich werde sie auf das Wasser setzen und treiben lassen, und wenn sie verlöscht oder sinkt, will ich meinem Leben ein Ende bereiten, da auch das seine zu Ende ist. Verlöscht sie aber nicht, so will ich weiter warten und ausharren, denn dann weiß ich, daß er zurückkehren wird. Und so tat sie. Nun wehte in jener Nacht ein heftiger Wind, und die Wellen der Ganga glichen den Wogen der See. Dennoch setzte sie die Lampe auf das Wasser, so unerschütterlich war ihre Liebe und ihr Glaube. In diesem Augenblick schaute der Himmel mit seinen Myriaden Sternen wie mit Augen auf sie herab, und als er die kleine Lampe treiben sah, lachte er verächtlich und sprach: Seht, welch elendes Lichtlein jenes sterbliche Weib dort eine Lampe nennt! Doch Maheshvara hörte den Spötter und gebot den Winden zu ruhen. Die Wogen der Ganga glätteten sich plötzlich, und ohne zu flackern trieb das kleine Licht dahin. In dem stillen Spiegel des Wassers aber erschienen ein anderer Himmel und andere Sterne, und der Große Gott sagte sanft: Himmel, siehst du den Himmel dort unten mit all seinen Sternen? Der Himmel antwortete: Ja, aber jener dort ist nur eine Täuschung! Da lachte Maheshvara und sprach: Wisse, du selbst mit all deinen Sternen bist nicht weniger eine Täuschung wie der andere Himmel dort unten. Die einzige Wirklichkeit ist das kleine Licht, das auf dem Wasser treibt, eingebettet in die Unendlichkeit über sich und unter

sich. Denn es verkörpert die Reinheit eines treuen Weibes[7]. Die Lampe trieb stetig dahin, bis sie außer Sicht geriet. Und das Weib ging nach Hause und wartete weiter geduldig auf die Rückkehr ihres Gatten.
Die Cheti blickte den König an, legte die Blüte zu seinen Füßen nieder und ging eilend fort. Der König sah ihr nach, und noch lange nachdem sie fort war, stand er in tiefes Grübeln versunken. Dann bückte er sich, hob die Blüte auf und sagte: Patali, wie köstlich ist deine dunkelrote, große Blüte! Jenem seltsamen Mädchen aber wohnt sicher Sarasvati auf der Zunge. Doch ist sie nicht ein Weib, eine von denen, die Gift in ihren Zähnen und Honig auf den Lippen haben? Er warf die Blüte in den Teich und ging mit trauerndem Herzen in den Tempel zurück. Und er grübelte den ganzen Tag, bis die Nacht anbrach.

JASMIN

Der Schlaf mied den König auf seinem Lager aus Blättern und Gräsern. Er erhob sich in der Dämmerung und trat hinaus auf die Stufen, gerade als die erste Morgensonne den östlichen Himmel golden überflutete. Während er noch in ihre Betrachtung versunken dastand, trat plötzlich die Cheti unter den Bäumen hervor und eilte mit huschenden Füßen auf ihn zu, die Blüte des Jasmins in ihrer Hand. Und sie glich in ihrer Reinheit dem Himmel vor der Dämmerung, wenn ihn der erste Hauch der Morgenröte trifft. Sie trat vor ihn hin und sagte mit schüchternem Lächeln: O König, meine Herrin sendet ihrem Gebieter durch diese unwerten Hände eine Blüte, und wenn sein Schlaf fest war, wird auch ihr wohl sein.
Der König erwiderte ihr Lächeln und ärgerte sich im gleichen Augenblick darüber. Unwillig antwortete er: Cheti, wie kann derjenige Ruhe finden, der jeden Morgen gezwungen ist, mit einer deines Geschlechtes zu verhandeln? Denn ob sie nun gut ist oder nicht, in jedem Falle stört sie ihn und raubt ihm den Frieden seiner Seele. Die Cheti blickte auf den König, und ein Lachen hing in ihren klugen Augen. Sie sagte sanft: O Herr, seit heute gesteht Ihr wenigstens einigen von uns die Möglich-

keit zu, gut zu sein. Wie gerne wüßte ich, was die Ursache Eurer plötzlichen Meinungsänderung ist. Der König, der sich vorgenommen hatte, kein Vergnügen mehr an der Unterhaltung mit ihr zu finden, sagte abweisend: Für etwas nicht Geschehenes gibt es keine Ursache. Meine Ansichten sind unverändert und die gleichen, die sie immer waren. Doch die Cheti erwiderte: Nein, o Herr, die äußeren Anzeichen Eurer Meinungsänderung kann ich von Eurer Stirne ablesen, als wäre dort mein eigener Name geschrieben. Der König fragte: Wie ist denn dein Name? Die Cheti antwortete: Ich werde Madhupamanjari[8] genannt. Der König lächelte und sprach: Das ist ein guter Name für dich, denn sicher bist du wie eine Blüte voller Süße. Da sagte die Cheti: O Herr, Ihr dürft von meinem Äußeren nicht auf mein Inneres schließen. Habt Ihr nicht selbst erfahren, daß die äußere Hülle, mag sie noch so wohlgefällig sein, einen giftigen Kern enthalten kann? Nur meine Herrin kennt mich und liebt mich nicht meines Äußeren wegen, sondern wegen meines Wissens, das ich bei einem weisen Meister erwarb. O Herr, vieles könnte ich Euch lehren, könnte Euch Eure Sorgen vergessen machen und Euch in ein Land entführen, von dem Ihr noch nie gehört. Wo die Bäume immer blühen und erfüllt sind von dem Summen der berauschten Bienen, wo die Sonne am Tage nicht brennt und wo bei Nacht die Mondsteine überquellen im Schein des kampferkühlen Mondes[9]. Wo in den blauen Seen Silberschwäne treiben und wo auf Stufen von Lapislazuli die Pfauen tanzen, wenn sie den fernen Donner in den Bergen rollen hören. Wo Blitze die Nacht durchflammen und den Mädchen leuchten, die sich zu ihrem Liebsten stehlen, und wo der Regenbogen immerdar wie ein Opal auf dunkelblauem Wolkenvorhang glänzt. Wo auf mondbeschienenen Dächern kristallener Paläste die Liebenden sich zueinander neigen und lachen, wenn sich in roten Kelchen ihre liebestrunkenen Gesichter spiegeln. Wo die Mädchen mit Juwelen spielen, die einst der Schoß des Weltmeers barg[10], und wo die Luft vom Dufte des Sandels[11] schwer ist, den Winde aus dem Süden mit sich bringen. Wo Flüsse träge über ewig goldenem Sande glänzen und regungslose Kraniche an ihren Ufern nach den Silberfischen spähen. Wo Männer wahr sind und Frauen treu und wo der Lotos niemals welkt[12].

Während der König ihr lauschte, stiegen Tränen in seine Augen, und er rief: Ha, Mädchen, führe mich in jenes Land, in dem die Liebe nie-

mals altert. Doch die Cheti blickte mit sanften Augen auf ihn, legte die Blüte zu seinen Füßen nieder und eilte schnell hinweg. Der König sah ihr lange nach, dann bückte er sich, hob die Blüte auf und sagte: Malati, dein Duft ist über alle Maßen süß und dennoch nicht so köstlich wie die Stimme jenes Mädchens. Er wandte sich um und ging langsam zum Tempel zurück, die Blüte des Jasmins in seiner Hand. Und sein Sinn war geteilt von der Erinnerung an die Cheti und der Erinnerung an sein Leid.

EIN LEERER MORGEN

Schlaflos warf sich der König auf seinem Lager aus Blättern und Gräsern hin und her. Er erhob sich in der Morgenfrühe, trat aus dem Tempel, und während er die Stufen hinabschritt, hörte er die erwachenden Vögel, die mit ihrem Gesang das herrliche Tagesgestirn freudig grüßten. Lange stand er dort lauschend, und ohne es zu wollen, blickte er manchmal zu den Bäumen hinüber. Doch die Cheti war nicht zu sehen, und er blieb allein mit dem Gesang der Vögel, mit dem Walde und dem Lotosteich.

Immer wieder wanderten seine Augen zu der Stelle, an der sie unter den Bäumen hervorgetreten war, aber der Tag wurde älter, ohne daß sie kam. Schließlich sagte er zu sich: Ist es nicht eigenartig, daß der Schönheit dieses Morgens etwas fehlt? Nichts ist anders, als es war, die Bäume sind die gleichen und der Tempel und der Teich mit den Lotos – nur das Mädchen fehlt und die Blüte, die sie mir immer bringt. Der König setzte sich auf die Stufen und grübelte weiter vor sich hin: Ist sie nicht selbst wie eine jener Knospen, die sich der Morgensonne entgegenöffnen? Sie ist noch Kind und doch schon Weib und gleicht der Dämmerung, die zwischen Tag und Nacht liegt und die an der

Schönheit und der Eigenart von beiden teilhat, aber noch ein Drittes, nur ihr gehöriges, besitzt. Und ihr Anblick, wenn sie in der Morgenfrühe auf mich zueilt, die zarten Rundungen des Körpers, von ihrem Gewande wohl verhüllt, doch nicht verborgen, weilt noch am Grunde meines Auges und will nicht weichen! Ihrer Stimme Klang aber hängt wie das Raunen einer Quelle in meinem Ohr und übertönt das Schweigen um mich her. Ist nicht ein Zauber in ihrer dunklen, sanften Stimme, deren Wohllaut sich des Lauschenden bemächtigt und ihn den Sinn der Worte nicht erfassen läßt? Meine Erinnerung widerhallt von ihrem Klang, als hätte der Wind in den Zweigen eines jungen Bambusbaumes gespielt, und diese singen und tönen noch lange nachher von seinem Echo.

So verbrachte der König den Tag in Gedanken an die Cheti und wanderte rastlos umher, den nächsten Morgen voller Unruhe erwartend.

CHAMPAK

Bange harrte der König auf seinem Lager aus Blättern und Gräsern auf den Morgen. Er erhob sich lange vor der Sonne, trat aus dem Tempel und stand auf den Stufen zum Teich, tief in sich versunken. Als er einmal aufblickte, sah er am Himmel einen Zug Schwäne, die nach Norden zogen und deren Gefieder rot aufleuchtete in den Strahlen der Sonne, die noch hinter den östlichen Bergen verborgen war. Da trat die Cheti unter den Bäumen hervor und eilte mit huschenden Füßen auf ihn zu, eine Champakblüte in ihrer Hand. Und dem König erschien sie wie das verkörperte Feuer der Liebe, das sich in seinem Herzen aus der Asche neu erhob. Sie trat vor ihn hin und sagte leise: O König, meine Herrin sendet ihrem Gebieter durch diese unwerten Hände eine Blume, und wenn er sich guter Ruhe erfreut hat, wird auch ihr wohl sein.

Der König antwortete: Cheti, wie kann derjenige Ruhe finden, dessen Freunde ihn verlassen? Die Cheti sagte: O Herr, denjenigen, den seine Freunde verlassen, trifft selbst die Schuld, denn er vermochte die wahren nicht von den falschen zu unterscheiden. Der König entgegnete: Cheti, nur wenige gibt es in dieser Welt der Täuschungen und des

Trugs, die das Wahre und das Falsche zu erkennen und zu unterscheiden vermögen. Denn das Falsche nimmt alle Formen an, kann es sich doch sogar in deiner Gestalt verbergen. Nur eines auf der Welt ist wahr, daß das Leben sinnlos wird, wenn die Liebe daraus schwand. Die Cheti erwiderte: O Herr, was niemals war, kann auch nicht schwinden, und die Liebe, die Ihr niemals kanntet, kann Euch nicht verlassen haben. Abweisend sagte der König: Cheti, was willst du von der Liebe wissen, die du fast noch ein Kind bist? Die Cheti blickte ihn ernst an und sprach: O König, es gibt Menschen, die lernen im Laufe eines Lebens durch Erfahrung, und die Weisheit kommt zu ihnen mit dem Alter. Doch andere nehmen ihr Wissen mit sich von Geburt zu Geburt und sind weise durch den Einfluß, der aus den dunklen Tiefen der Vergangenheit sie lenkt. Von denen bin ich eine, und sicher habe ich in einem früheren Leben dem Gott mit dem Blumenbogen[13] gedient, denn was ich von der Liebe weiß, kann nur er mich gelehrt haben. Wisset, o König, die Liebe ist ein Strick, der aus drei Strängen besteht. Sind diese fest verbunden, kann nichts den Strick zerreißen, nicht einmal der Tod. Doch löst sich einer dieser Stränge von den anderen, so reißt der Strick beim ersten Widerstand des Lebens. Erstaunt fragte der König: Und welches sind diese drei Stränge? Die Cheti antwortete: Drei Arten von Liebe gibt es, die zu ihrer Vollendung zusammenfinden müssen, die der Sinne, die des Geistes und die der Seele. Voller Unruhe sind die Sinne und ständig schweifend und suchend nach immer höherer Vollkommenheit. Sie tragen Sehnsucht nach des anderen Schönheit und verlangen, mit ihm zu verschmelzen, da aus dem Einssein ihnen die höchste Seligkeit erwächst. Der Geist ist ein Wanderer in lichten Reichen und sehnt sich in seiner Einsamkeit nach dem Gefährten, die Seele aber will der anderen Seele kristallenes Licht erspähen. Und beide werden sie die Sinne, die allzubald gestillt auf neue Suche wollen, fesseln, da *ihr* eigentliches Wesen Beständigkeit ist. Deshalb müssen die drei Stränge unlösbar verbunden sein. Ihr aber, o König, werdet die Vollendung in der Liebe mit meiner Herrin finden, die Eurer wert ist.
Der König lauschte ihr gebannt, und als sie endete, rief er: Sprich nicht von deiner Herrin, Mädchen, sprich von dir selbst, denn deine Tugenden sind groß genug, um deinen Geliebten mit einem Strick an dich zu binden, der niemals reißen wird. Doch die Cheti legte schweigend die

Blüte zu seinen Füßen nieder und ging eilig fort. Bevor sie aber unter den Bäumen verschwand, wandte sie sich kurz um und blickte den König an. Der König bückte sich nach der Blüte und sprach: Champak, du duftest wie der Nektar der Liebe, der in diesem unwiderstehlichen Mädchen durch den Willen des Schöpfers verkörpert scheint. Tief in Gedanken an die Worte von Madhupamanjari versunken, ging er zum Tempel zurück, die Blüte des Champaks in seiner Hand. Und wie ein Maler ein altes Bild auslöscht, um Raum für ein neues zu schaffen, so hatte ihre Schönheit jeden Makel düsterer Erinnerung auf dem Spiegel seiner Seele getilgt.

LOTOS

Tief schlief der König auf seinem Lager aus Blättern und Gräsern. Er erhob sich erst nach Sonnenaufgang, und als er aus dem Tempel trat, wartete auf den Stufen die Cheti auf ihn, eine rote Lotosblüte in ihrer Hand. Und wie sie dort in ihrer Lieblichkeit im Glanz des frühen Morgens stand, erschien sie ihm wie der gestaltgewordene Frieden seiner Seele. Sie blickte ihn aufmerksam an und sprach: O König, meine Herrin sendet ihrem Gebieter durch diese unwerten Hände eine Blume, und wenn sein Schlummer süß war, wird auch ihr wohl sein.

Der König antwortete lächelnd: Cheti, derjenige, der die Ruhe seines Geistes wiederfindet, schläft fest. Die Cheti sagte: Und wie geschah es, o Herr, daß Ihr die Ruhe Eures Geistes wiederfandet? Der König erwiderte: Ein kluger Arzt kam gestern zu mir und verabreichte mir einen wirksamen Schlaftrunk. Die Cheti entgegnete: Glücklich sind diejenigen, die einen klugen Arzt besitzen, denn diese sind sehr selten. Da sprach der König: Cheti, der Trunk, der mir den Schlaf gebracht, bestand aus dem Klang deiner Stimme und dem Nektar deines Anblicks. Und hielt ich mich früher für verloren, so schöpfe ich nun Hoff-

nung auf Genesung. Die Cheti lächelte: O Herr, erst wenige Tage ist es her, daß Ihr die Frauen der Flatterhaftigkeit anklagtet, und nun hat Unbeständigkeit Euren eigenen Sinn befallen. Ihr erinnert mich an jenen Fischer, der sich vor Zeiten nach Art seiner Kaste vom Fang der Fische nährte. Eines Tages warf er sein Netz in das Meer, und als er es heraufzog, befand sich darin ein herrlicher Fisch aus Gold. Glückseligkeit erfüllte den Fischer, als er den goldenen Fisch erblickte, und seine Hände wollten nach ihm greifen. Doch in diesem Augenblick sprang der Fisch zurück ins Meer. Der Fischer vergoß Tränen der Verzweiflung, er wollte nie mehr mit seinem Boot hinausfahren und wollte sich sogar das Leben nehmen. Und er jammerte: Wehe, mein ganzes Dasein hing an diesem Fisch aus Gold! Nach einiger Zeit aber fuhr er wieder hinaus, warf sein Netz aus, und als er es aus dem Wasser zog, erblickte er darin einen wundervollen Fisch aus Silber. Im gleichen Augenblick hatte er den Fisch aus Gold vergessen, und eifrig griffen seine Hände nach dem Fisch aus Silber. Doch auch dieser entglitt ihm und sprang zurück ins Meer. Wiederum überwältigte ihn die Verzweiflung, er rührte sein Boot und sein Netz nicht mehr an und beklagte seinen Verlust. Doch nach einiger Zeit fuhr er wieder hinaus und warf sein Netz. Und siehe, als er es aus dem Wasser zog, befand sich darin ein ganz gewöhnlicher Fisch, der aus Schuppen, Gräten und Fleisch bestand. Behutsam griff er nach dem Fisch, trug ihn heim und war vollständig glücklich. Und er hatte den Fisch aus Gold und den Fisch aus Silber ganz und gar vergessen, als hätte es sie nie gegeben.
Der König sagte: Cheti, wie kommt es, daß du mich mit diesem armseligen Fischer vergleichst? Solltest du mich nicht lieber mit dem Feuer vergleichen, das so gut wie erloschen war und nicht wieder angefacht werden konnte, bis man ihm ein Stück himmlischen Sandelholzes bot, das köstlicher war als das der Malajaberge? Da schoß es aus seiner Asche auf und brannte mit reiner Flamme wie nie zuvor. Die Cheti antwortete leise: O Herr, es ist Zeit für mich zu gehen. Sie legte die Lotosblüte zu seinen Füßen nieder und eilte fort, doch bevor sie unter den Bäumen verschwand, wandte sie sich um und blickte auf den König zurück. Der König hob die Blüte auf und sprach: Lotos, war es die Wahrheit, als ich sagte, daß ich das Feuer bin und sie der Sandel ist? Ist nicht vielmehr sie das Feuer, und ich bin das brennende Reis?

Langsam ging er zum Tempel zurück, die Lotosblüte in seiner Hand. Und er nährte sich von den Gedanken an die Zukunft und hatte die Vergangenheit ganz und gar vergessen.

SHRIPHALA

Unruhig schlief der König auf seinem Lager aus Blättern und Gräsern, denn er träumte von Madhupamanjari. Lange vor der Sonne erhob er sich, trat aus dem Tempel, und während er auf den Stufen stand, hörte er den frohen Ruf des Chakrawaka, der seine Gefährtin nach einer Nacht der Trennung grüßte. Plötzlich erblickte er die Cheti, die unter den Bäumen hervortrat und langsam auf ihn zukam, einen Zweig mit Shriphalabeeren in der Hand. Sie blickte den König scheu an und sagte: O König, meine Herrin sendet ihrem Gebieter durch meine unwerten Hände diese Beeren, und wenn sein Schlummer sanft war, wird auch ihr wohl sein.
Der König antwortete: Cheti, ich weiß nicht, ob ich wachte oder schlief, denn ich hörte während der Nacht nur deine Stimme und sah immerfort dein Bild. Aber ob es ein Traum war oder nicht, kann ich nicht sagen. Die Cheti blickte ihn ernst an und sagte: O Herr, diese Anzeichen sind besorgniserregend und erinnern mich an den Wahn jenes Königs, der sich in einen Stein verliebte. Der König betrachtete entzückt ihre Lippen, die wie der Tau des Morgens glänzten, und erwiderte: Cheti, ich kann keinen Bezug in deinen Gleichnissen erkennen

und sehe keine Ähnlichkeit zwischen dir und einem Stein. Die Cheti antwortete: So hört mich an, Herr. In einem fernen Lande lebte ein König. Eines Tages, als er in den Wäldern jagte, stand er plötzlich vor der Mauer eines alten Tempels, der dem Gott Vishnu geweiht war. Und in einer Nische dieser Mauer befand sich das aus Stein geformte Bildnis der Göttin Shri. Als des Königs Auge darauffiel, entbrannte er augenblicklich in so heftiger Leidenschaft zu diesem Steinbild, daß er sich nicht loszureißen vermochte. Er befahl seinen Gefolgsleuten, den Stein aus der Mauer zu lösen und in seinen Palast zu bringen. Dort ließ er ihn in seinen Gemächern aufstellen und verbrachte Tag und Nacht bei der Göttin, ohne die Augen von ihr zu wenden. Und er küßte sie und streichelte sie, dann aber schalt er sie wieder, weil sie seine Zärtlichkeiten nicht erwiderte. Eines Nachts, während er schlief, hatte er einen Traum. Er befand sich wieder in dem Wald vor dem alten Vishnutempel, und wieder fiel sein Auge auf das Bildnis der Göttin. Doch sie war nicht aus Stein, sondern sie atmete, und ihr Körper war aus warmem Fleisch und Blut. Sie bewegte sich, lächelte ihm zu und winkte ihm mit einer leichten Gebärde ihrer Hand. Der König ward von einer Woge grenzenlosen Entzückens erfaßt, er wollte auf sie zueilen, sie in die Arme nehmen – da erscholl der Ruf des Wächters in den nächtlichen Straßen der Stadt, und der König wachte auf. Er war außer sich vor Zorn, ließ den Wächter augenblicklich töten und verbot fortan allen Wächtern das Rufen in den Straßen. Den Rest seines Lebens aber versuchte der König verzweifelt, seinen Traum wiederzufinden und ihn zu Ende zu träumen. Da ihm dies nicht gelingen wollte, wandte er sich schließlich voll Verachtung von der Welt und ihrem Treiben ab und sagte sich: Das ganze Leben ist wie dieser Stein nur eine leere Nachahmung der einzigen Wirklichkeit, die ich durch die Gunst der Gottheit für einen Augenblick in meinem Traum erahnen durfte.

Als die Cheti dies gesagt hatte, fügte sie hinzu: Ganz sicher ist derjenige vom Wahn befallen, der sich sein Leben lang nach Unerreichbarem sehnt. Und Ihr, o König, werdet ihm noch gleichen, wenn Ihr weiter an ein Traumbild denkt statt an meine Herrin. Der König antwortete: Cheti, ich habe deine Erzählung nicht gehört, denn ich war in den Anblick deiner Lippen versunken. Doch beginne noch einmal, dann werde ich meine Augen schließen, und deine Schönheit wird mich nicht mehr hindern, den Sinn deiner Worte zu erfassen. Doch die Cheti legte schweigend die Beeren zu seinen Füßen nieder und eilte, ohne sich umzusehen, fort. Der König hob die Beeren auf und sprach: Shriphalabeeren, welche Verdienste habt ihr in einem früheren Leben erworben, daß ihr ausersehen wart, von der Hand meiner Geliebten gepflückt zu werden? Er betrachtete abwesend den Zweig in seiner Hand, denn seine Sinne waren noch berauscht von der Erinnerung an ihre Lippen, deren Farbe den Beeren glich. Schließlich wandte er sich um und ging zum Tempel zurück, den Zweig in der Hand und den nächsten Morgen voller Ungeduld erwartend.

SHIRISHA

Unruhig schlief der König auf seinem Lager aus Blättern und Gräsern, und in seinen Träumen sah er die roten Lippen von Madhupamanjari. Als die Sonne die östlichen Berge überstieg, erhob auch er sich, trat aus dem Tempel und starrte gedankenverloren auf den Teich. Und plötzlich wurde sein Sinn von Zweifeln überzogen, und dieser glich dem Wasserspiegel, über den die Schatten der Fledermäuse zum letzten Male vor der Dämmerung huschen. Er sprach zu sich: Wehe, habe ich recht getan, ihr mein Herz zu öffnen und sie eindringen zu lassen in meinen Sinn wie jene lautlosen Schatten dort? In diesem Augenblick sah er sie aus dem Walde treten und auf sich zueilen, eine Shirishablüte in der Hand. Sie blieb in einiger Entfernung vor ihm stehen und sagte: O König, meine Herrin sendet ihrem Gebieter durch diese unwerten Hände eine Blüte, und wenn er Ruhe fand während der Nacht, wird auch ihr wohl sein.
Der König sah einen Augenblick schweigend auf das Lächeln, das wie ein Sonnenstrahl um ihre Lippen spielte, und sagte dann: Cheti, wie kann der Ruhe finden, dessen Sinn von Zweifeln verdunkelt wird? Die Cheti antwortete: O Herr, welcher Art sind die Zweifel, die Euren Geist

umschatten? Der König antwortete: Cheti, ich habe Furcht, mich abermals jenem schimmernden, lockenden Meer anzuvertrauen, auf dem ich schon einmal Schiffbruch erlitt! Die Cheti blickte auf den König mit Augen, in denen sich Trauer spiegelte, und sagte: Wehe dem, dessen Sinn geteilt ist! Er kann in dieser Welt nur verlieren und nie gewinnen! Wisset, einst lebte der Sohn eines Kaufmanns, der mit seinem Schiff ausfuhr, um in einem fernen Lande Reichtümer zu erwerben. Er segelte Tag und Nacht über das wogende Meer, doch als er in der Mitte des weiten Ozeans angelangt war, fiel plötzlich der Wind, die Segel hingen schlaff in den Masten, und das Schiff lag fest wie verankert. Und aus den blauen Wellen erhob sich vor ihm ein Korallenbaum, auf dem ein Mädchen von überirdischer Schönheit saß. Der Meerschaum funkelte im Sonnenlicht auf ihrem Leib und glänzte wie Perlen auf ihren Gliedern und Hüften. Ihr langes, blauschwarzes Haar floß an ihr herab und lag auf den Wogen, die sich hoben und senkten wie ihre schweren Brüste. Sie breitete ihre weißen Arme aus und rief dem Kaufmannssohne zu: Komm zu mir, schöner Fremdling, und lebe mit mir am Grunde des Meeres, wo schimmernde Paläste und goldene Schätze auf dich warten! Komm zu mir, und ich werde dich mit kostbaren Juwelen schmücken, wie noch kein Mensch sie je erblickte, und werde dir Freuden und Köstlichkeiten darbieten, wie noch kein Sterblicher sie je genoß. Das Verlangen des Kaufmannssohnes, das schöne Mädchen und ihre Schätze zu besitzen, war groß, doch hatte er Furcht, in das Wasser zu springen und zu ertrinken. Voll leidenschaftlichen Begehrens blickte er sie an, doch er zauderte, und sein Sinn war geteilt von seiner Begierde und seiner Angst. Da sank in einem einzigen Augenblick der Korallenbaum mit seiner lieblichen Last zurück auf den Meeresgrund, und der Kaufmannssohn war allein mit dem Himmel und dem Wasser. Der Wind füllte wieder die Segel seines Schiffes, und er setzte seine Reise fort. Doch sein Herz war von Sehnsucht und vergeblicher Trauer zerrissen. Plötzlich erhob sich ein gewaltiger Sturm, sein Schiff ward umhergeworfen und zerbarst, und der Kaufmannssohn ertrank. So verlor er das wunderbare Mädchen und konnte dennoch sein Leben nicht vor der Gefahr retten, deretwegen er sie aufgab. O König, dieses Dasein ist flüchtig und unbeständig wie die Launen des Meeres, und was enthält es, das wert wäre, auch nur einen Augenblick zu zaudern, wenn es

gilt, es einzusetzen für nie wiederkehrendes Glück? Nachdem die Cheti dies gesagt hatte, legte sie die Shirishablüte zu des Königs Füßen nieder, wandte sich um und ging langsam fort. Der König bückte sich nach der Blüte und sprach: O Shirisha, weh über dich, du hast mir Unglück gebracht und ich habe die Cheti durch meine Worte gekränkt. Warum nur ist sie ein Weib und nicht ein Wesen eigener Art, damit ich sie ansehen könnte, ohne dabei an die Unvollkommenheit der Frauen zu denken? Und er ging zum Tempel zurück, Trauer in seinem Herzen und mehr denn je von Liebe zu der Cheti erfüllt.

KADAMBA

Der König wachte in der Nacht auf seinem Lager aus Blättern und Gräsern und dachte an den Kaufmannssohn. Er erhob sich lange vor der Sonne, trat aus dem Tempel und betrachtete den östlichen Himmel, der vor der schwindenden Nacht wie ein Opal leuchtete. Langsam wurde es Tag, doch die Cheti war nirgends zu sehen. Endlich, als die Sonne bereits hoch am Himmel stand, sah er sie aus dem Walde treten und langsam auf sich zukommen, die Blüte des Kadamba in ihrer Hand. Und sie erschien ihm wie der gestaltgewordene Nektar der Versöhnung. Sie kam die Stufen herauf, stand vor ihm und sprach: O König, meine Herrin sendet ihrem Gebieter durch diese unwerten Hände eine Blüte, und wenn sein Schlummer leicht war, wird auch ihr wohl sein.

Der König antwortete: Cheti, wie könnte derjenige schlummern, dessen Schiff ausgefahren ist und nun in der Mitte des weiten Ozeans treibt? Und wie könnte derjenige schlafen, der nach dem Mädchen auf dem Korallenbaum Ausschau hält und bereit ist, ins Wasser zu springen? Freude funkelte in den Augen der Cheti, als sie sagte: O Herr, solche himmlischen Mädchen sind sehr selten, und ich fürchte, Ihr seid mit

Eurem Boot umsonst ausgefahren und müßt Euch indes mit einem Wesen dieser niederen Welt begnügen, so wie meine Herrin eines ist. Der König antwortete schnell: Mädchen, sprich nicht von deiner Herrin, denn ich will nichts von ihr wissen. Die Cheti sagte leise: O Herr, wollt Ihr wirklich nicht wissen, daß ihre Schönheit köstlicher ist als die des göttlichen Mädchens aus dem Ozean, daß sie bewandert in der Wissenschaft und Dichtkunst ist und daß sie tanzt und singt wie eine Apsara in Indras Halle? Doch der König antwortete: Cheti, ich liebe keine Frauen, die Gelehrte sind, und will den Tanz von keinen anderen Füßen als den deinen, wenn sie im Tau des Morgens auf mich zueilen. Und ich begehre keine andere Musik als die deiner Stimme, die mir süßer klingt als das Summen der Bienen. Der König hatte noch nicht zu Ende gesprochen, als sich eine Biene, angezogen vom Duft des Champaks, in dem Blütenkelch niederließ. Die Cheti schloß schnell die Blüte mit ihrer Hand und sprach: Seht Herr, ich habe eine Biene gefangen, nun entscheidet, was Euch süßer klingt, das Summen der Biene oder meine Stimme. Der König beugte sich über die Blüte, in welcher die Biene erregt summte, seine Augen aber blickten auf ihren Mund, als er sagte: Cheti, spreche jetzt, dann werde ich zwischen dir und ihr entscheiden. Doch die Cheti lachte und ließ die Biene fliegen, und der König rief: Sieh, diese törichte Biene, die einem Gefängnis entflieht, dessen Wände aus Blütenblättern bestehen und dessen Tor deine Hand ist! Die Cheti antwortete ernst: O Herr, nehmt diese Blüte, sie ist ein Geschenk meiner Herrin, ich aber muß jetzt gehen. Sie wollte die Blüte zu seinen Füßen niederlegen, doch plötzlich kehrte die Biene zurück, umflog summend ihren Kopf, und sie rief erschreckt: Seht, die Biene, sie wird mich stechen! Er antwortete lächelnd: Ohne Zweifel, Cheti, will sie sich für ihre Gefangenschaft rächen! Da stürzte sie angstvoll auf ihn zu, und der König nahm sie entzückt in seine Arme und rief: Du unvergleichlicher, herrlicher König der Bienen, diesen Augenblick werde ich dir ein Leben lang lohnen! Bleibe bei mir, und ich werde dir Tag um Tag Honig in Lotoskelchen darreichen lassen. Doch die Biene war schon fortgeflogen, und Madhupamanjari löste sich beschämt aus seinen Armen.

Sie sagte leise: O König, meine Herrin ist tapfer und fürchtet sich nicht vor Bienen. Ich aber habe mich unwürdig benommen, da meine Angst mich die gebührende Zurückhaltung eines Mädchens vergessen ließ. Sie legte schnell die Blüte zu des Königs Füßen nieder und lief, ohne sich umzusehen, fort. Der König hob die Blüte auf und sprach: Hinweg mit allen Töchtern von Königen, die sich vor Bienen nicht fürchten! Dich aber, herrlicher Kadamba, werde ich immer bewahren und wenn du längst dahingewelkt bist. Und während er zum Tempel zurückging, küßte er die Kadambablüte und war wie trunken vor Freude.

Selig schlummerte der König auf seinem Lager aus Blättern und Gräsern, die Blüte des Kadamba an seinem Herzen. Er erhob sich in der Dämmerung, trat aus dem Tempel und betrachtete die Leuchtkäfer über dem Teich, die vor dem Herannahen des großen Tagesgestirns eilig ihre Lämpchen löschten. Plötzlich erblickte er die Cheti, die zögernd unter den Bäumen hervortrat und auf ihn zukam, die purpurne Blüte des Amaranth in ihrer Hand. Und als sie tief errötend vor ihn hintrat, kein Kind mehr, sondern ein junges Weib, da glich sie einer jener Lotosknospen, die sich soeben dem ersten Sonnenstrahl geöffnet hatten. Mit kaum vernehmbarer Stimme sagte sie: O König, meine Herrin sendet ihrem Gebieter durch diese unwerten Hände eine Blume, und wenn sein Schlummer friedvoll war, wird auch ihr wohl sein.

Des Königs Augen leuchteten vor Freude, als er antwortete: Cheti, derjenige schläft wohl, den keine Selbstvorwürfe quälen, eine Bedrängte nicht geschützt zu haben. Die Cheti schwieg und wagte nicht, ihn anzublicken, und der König sagte zärtlich: Mädchen, du hast keinen Grund, beschämt zu sein, denn dir drohte wirklich große Gefahr. Und könnte ich jene mutwillige Biene wiederfinden, ich würde sie mit Honig trunken machen, bis sie nicht mehr fliegen kann. Die Cheti erwiderte: O Herr, und wenn sie mich tatsächlich gestochen hätte? Der König sprach: Cheti, hätte dich der Bösewicht gestochen, ich hätte ihn mit Spinnweben gefesselt und einem Elefanten vor die Füße geworfen. Da lachte die Cheti, aber im gleichen Augenblick errötete sie wieder und sagte leise: O König, laßt mich Euch weiterhin von den hervorragenden Tugenden meiner Herrin berichten! Doch der König unterbrach sie hastig: Cheti, wirst du niemals aufhören, mich an deine Herrin zu erinnern? Oh, daß ich doch nicht König wäre und mich aus Gründen der Staatsklugheit mit Frauen vermählen müßte, nach denen ich nicht verlange. Wehe, vor mir liegt die tiefe Nacht der Verzweiflung! Die Cheti erwiderte: O Herr, nutzlos ist die Verzweiflung, und es gilt, mutig die Hindernisse zu überwinden, statt vor Schatten zu verzagen, die nicht der Wirklichkeit angehören. Wie jener volle Mond, der nach einer weißen Lotosblume Ausschau hielt, um sie zu seiner Geliebten zu machen. Er spähte neugierig in einen Waldteich, in dem ein reiner, weißer Lotos blühte. Doch an jenem Tage hatten zwei junge Elefanten in dem Teich gekämpft und sich die Stoßzähne gegenseitig in die Flanken gerannt, so daß ihr Blut hoch aufgespritzt war und den weißen Lotos rot gefärbt hatte. Als nun der Mond in den Teich niederblickte, rief er enttäuscht: Ha, ein roter Lotos, eine Geliebte für die Sonne, aber keine für mich! Und er verging vor Gram. Nacht um Nacht wurde er weniger, und schließlich nahm seine Ausgezehrtheit solches Ausmaß an, daß er aufhörte zu bestehen. In der dunklen Nacht aber, die dem neuen Mond vorangeht, ballten sich schwere Wolkenberge, und heftiger Regen ergoß sich über den Wald und über den Teich und wusch den Lotos rein. Als nun der junge Mond von neuem in den Teich spähte, sah er zu seinem Entzücken dort eine leuchtend weiße Lotosblume, auf deren Blütenblättern ein Regentropfen wie eine Freudenträne schimmerte[14].

Der König sagte: O Cheti, wäre ich doch jener Mond und wärest du mein Lotos! Dann würden meine Nächte in einem einzigen Augenblick der Seligkeit vergehen und nicht schwer mit den dunklen Stunden der Trennung über mir hängen. Die Cheti sah ihn traurig an, legte schweigend die Blüte des Amaranth zu seinen Füßen nieder und ging eilig

fort. Doch bevor sie unter den Bäumen verschwand, wandte sie den Kopf und blickte über die Schulter auf den König zurück. Der König bückte sich nach der Blüte und sprach: Purpurner Amaranth, ich würde dich wie jene wilden Elefanten mit meinem Blute tränken, könnte ich dadurch dieser verhaßten Heirat entgehen. Und er ging zum Tempel zurück, die Blüte des Amaranth in seiner Hand und Trauer in seinem Herzen.

ASHOKA

Und wieder mied der Schlaf den König auf seinem Lager aus Blättern und Gräsern. Er erhob sich lange vor der Sonne, trat aus dem Tempel und stand tief in Gedanken versunken auf den Stufen, während die Papageien im Ashvattabaum schrien und ihre Schnäbel im ersten Sonnenstrahl rot aufleuchteten. Da erblickte er die Cheti, die unter den Bäumen hervortrat und mit huschenden Füßen auf ihn zueilte, eine Ashokablüte in ihrer Hand. Sie trat vor ihn hin und sprach: O König, meine Herrin sendet ihrem Gebieter durch diese unwerten Hände eine Blüte, und wenn sein Schlummer süß war, wird auch ihr wohl sein.

Der König antwortete: Cheti, wie könnte derjenige schlafen, der seine Nächte in qualvoller Sehnsucht nach dem Morgen verbringt? Sag mir, die du alles weißt, warum wandelt sich die frühe Dämmerung so schnell in Tag? Könnte nicht Maheshvara in seiner Allmacht den Sonnenwagen mit dem Dreizack berühren und am Himmel festbannen, dort über den Bergen des Ostens? Dann neigten die Lotos sich ewig golden der Sonne entgegen, der Himmelsraum tönte immer vom Gesang der Vögel und du wärest fortwährend bei mir! Die Cheti sagte: O König, diejenigen, die Unmögliches begehren, enden schlimm! Wisset, einst lebte ein Mann, der im Spiel seine ganze Habe vertan hatte und nun ziellos durch die Welt streifte. Eines Tages erblickte er eine schlafende Apsara[15], und als er sich ihr vorsichtig näherte, erwachte sie, sprang auf und verschwand in der Luft. Doch in ihrer Hast hatte sie ihre eine goldene Sandale verloren, die der Mann aufhob und in seiner Hand hielt. Da hub sie aus der Luft an, ihn zu umschmeicheln und zu beschwatzen und flehte: Gib mir meine Sandale zurück, denn ohne diese kann ich in Indras Halle nicht tanzen heute nacht. Der Spieler sagte zu ihr: Ich werde dir die Sandale zurückgeben, unter der Bedingung, daß du mich mit in den Himmel nimmst, denn ich will dich tanzen sehen. Die Apsara wußte sich keinen anderen Rat und verbarg ihn in einer Blüte hinter ihrem Ohr. Und sie nahm ihn mit in Indras Halle, wo der Spieler all die herrlichen Apsaras in goldenen Gewändern tanzen sah, und es schien ihm, als wiegten sich unzählige Lotos im Wind. Plötzlich stieg Begierde in ihm auf, und er flüsterte in der Apsara Ohr: Woher kommen all eure herrlichen goldenen Gewänder? Sie erwiderte: Sie werden für uns von den Sonnenspinnen gewoben, die hinter den östlichen Bergen wohnen. Dort nimmt der Sonnengott sein allnächtliches Bad in Seen aus flüssigem Amethyst, und die Sonnenspinnen kämmen ihm das Haar der alten Strahlenfäden aus dem Kopf und spinnen daraus das gleißende Gold unserer Gewänder. Als der Spieler ihre Worte vernahm, erfüllte unstillbares Verlangen seine gierige Seele, und er schrie grell und laut: Her mit dem Gold, her mit den Spinnen! Indra lauschte und fragte erstaunt: Wer macht diesen mißtönenden Lärm in meiner Halle und erschreckt mir meine Tänzerinnen? Man begann allenthalben zu suchen und fand schließlich den Spieler in der Blüte an der Apsara Ohr. Da befahl Indra, der Götterkönig: Werft diesen Sterblichen aus meiner Halle und mit ihm jene törichte Apsara, die es wagte, ihn in den Himmel zu bringen! Und man warf beide hinaus. Doch der Spieler, in seiner irdischen Schwere, konnte im Himmel nicht stehen und stürzte auf die Erde hinab, wo er zerschmettert liegenblieb. Und so, o Herr, enden jene, die nach Unmöglichem Verlangen tragen.

Die Cheti legte die Ashokablüte zu des Königs Füßen nieder und eilte, ohne sich umzusehen, fort. Der König bückte sich nach der Blüte und sprach: Ashoka, deine Schönheit ist so groß, daß ich es nicht ertragen könnte, dich fortzuwerfen. Und dennoch wirst du mir keine Freude bereiten, sondern mich den ganzen Tag an diese Heirat mahnen. Er ging zum Tempel zurück, die Blüte in seiner Hand, und sein Sinn war geteilt von den Gedanken an die Cheti und den Gedanken an ihre Herrin.

PALASHA

Der König fand keinen Schlaf auf seinem Lager aus Blättern und Gräsern. Er erhob sich lange vor der Sonne, trat aus dem Tempel und schritt die Stufen hinab zum Teich, an dessen Rand er, tief in Gedanken versunken, stehenblieb. Und er bemerkte nicht, daß die Cheti unter den Bäumen hervortrat und mit huschenden Füßen auf ihn zueilte, eine rote Palashablüte in ihrer Hand. Sie trat vor ihn hin und sagte: O König, meine Herrin sendet ihrem Gebieter durch diese unwerten Hände eine Blüte, und wenn sein Schlaf tief war, wird auch ihr wohl sein.

Der König blickte auf und antwortete: Cheti, der Schlaf muß wie ein eifersüchtiger Liebhaber Anstoß an deinen Besuchen genommen haben und meidet mich nun. Die Cheti sagte: O König, meine Besuche werden bald enden, und dann wird meine Herrin Euch selbst allmorgendlich eine Blüte überreichen. Da rief der König: Wehe, du rührst an die Wunde in meinem Herzen, denn ich kann tatsächlich die Heirat mit deiner Herrin nicht länger aufschieben! Und was wird dann aus dir und mir? Die Cheti antwortete leise: O Herr, würdet Ihr sie kennen, Ihr hättet schnell die Cheti über der Herrin vergessen. Der König sagte ernst: Cheti, ich werde dich nie vergessen! Wisse, daß ich deine Herrin ihrem Vater zurücksenden werde, mag er dafür mein Königreich nehmen, wenn er nur mich an diesem Teiche leben läßt und dich an meiner Seite. Die Cheti erwiderte: O König, Ihr würdet Euer Wort brechen, denn ist sie nicht ein Pfand in Euren Händen? Höret mich an: Einst lebte ein Kaufmann, der besaß eine Perle, die war so groß, daß eine Hand sie kaum umschließen konnte. Sie war wie geformter Meerschaum und leuchtete wie der Ozean, wenn der Mond sich in ihm spiegelt. Ihre Schönheit und ihre Kostbarkeit aber waren im ganzen Königreich bekannt. Eines Tages mußte der Kaufmann eine Reise antreten, und er ging zu seinem Freund und sprach: Sieh, ich gebe dir meine Perle, bewahre sie mir, bis ich zurückkehre, als Pfand unserer Freundschaft. Sein Freund erwiderte: Es ist gut, reise ohne Furcht, und möge der Beseitiger der Hindernisse mit dir sein! Der Kaufmann reiste ab, und sein Freund verwahrte die Perle an einem sicheren Ort. Eines Tages kam der König in sein Haus und sprach: Gib mir die Perle, die du verwahrst, und ich werde dich reichlich dafür belohnen. Weigerst du dich aber, dann nehme ich sie dir gewaltsam. Der Freund des Kaufmanns sprach: O König, gebt mir eine Woche Zeit, denn ich liebe diese Perle selbst über alles und will mich an ihrem Anblick erfreuen. Der König antwortete: Gut, für eine Million Goldstücke werde ich eine Woche warten. Der Freund des Kaufmanns gab ihm eine Million Goldstücke, und nach einer Woche erschien der König wiederum und forderte die Perle. Da erbat sich der Freund des Kaufmanns eine weitere Woche Aufschub für eine Million Goldstücke und fuhr so fort, bis sein Vermögen erschöpft und er ein Bettler war. Und wieder kam der König in sein Haus und befahl: Gib mir die Perle! Der Freund des Kaufmanns sprach: O König, ich habe eine Tochter, die ist jung und rein und schöner als all Eure Königinnen. Nehmt sie und laßt mir die Perle noch eine Woche. Abermals willigte der König ein, doch nachdem die Frist abgelaufen war, verlangte er die Perle. Da warf sich der Mann vor dem König in den Staub und flehte: O Herr, laßt mir die Perle noch eine Woche, und wenn diese um ist, nehmt dafür mein Leben. Der König gewährte ihm die Bitte, und nach drei Tagen kehrte der Eigentümer der Perle zurück. Sein Freund gab ihm das Juwel und sagte: Du bist zur rechten Zeit zurückgekehrt, hier ist deine Perle, und alles ist gut! Dann

ging er zum König und sprach: O König, der Besitzer der Perle ist zurückgekehrt, und ich habe sie ihm zurückgegeben. Hier bin ich, verfahrt mit mir nach Eurem Belieben! Der König antwortete: *Du* warst das wahre Juwel, das ich suchte in dieser Welt des Trugs, denn dein Wort und deine Treue galten dir mehr als dein Besitz und dein Leben. Und er ernannte ihn zu seinem ersten Minister, gab ihm sein Vermögen zurück und vermählte ihn mit seiner Tochter.

Als die Cheti dies gesagt hatte, legte sie die Blüte zu des Königs Füßen nieder und eilte fort. Der König sah ihr nach, bis sie unter den Bäumen verschwand, dann bückte er sich nach der Blüte und sprach: O Palasha, du Pfand in meinen Händen, wie soll ich ohne dieses Mädchen leben? Wie aber soll ich mit ihr leben und ohne meine Ehre? Er ging zum Tempel zurück, die Blüte in seiner Hand, und sein Herz war zerrissen von der Unvereinbarkeit seiner Liebe und seiner Pflicht.

S H A M I

Der König wachte in der Nacht auf seinem Lager aus Blättern und Gräsern. Er erhob sich am Morgen lange vor der Sonne, trat aus dem Tempel und betrachtete die Fische, die ihre Silberköpfe aus dem Wasser hoben. Plötzlich erblickte er die Cheti, die unter den Bäumen hervortrat und langsam auf ihn zukam, die gelbe Shamiblüte in ihrer Hand. Sie sah ihn lange an und sagte dann: O König, meine Herrin sendet ihrem Gebieter durch diese unwerten Hände eine Blüte, und wenn er freudig erwacht ist, wird auch ihr wohl sein.
Der König antwortete: Cheti, wie kann derjenige Freude empfinden, der vor sich das Ende seines Lebens sieht? Die Cheti sagte: O Herr, als dieser volle Mond am Himmel noch jung war, da galt Euch Euer Leben nicht mehr als ein Sandkorn im Wind. Der König erwiderte: Cheti, damals wußte ich noch nichts von dir und hatte dich noch nie gesehen. Die Cheti lächelte: O König, ich bin doch eine Frau, und was bedeuten *Euch* die Frauen? Der König sagte: Wenn du eine Frau bist, dann muß der Schöpfer zwei Arten deines Geschlechtes geschaffen haben, in der einen sind alle Frauen der Welt enthalten, in der anderen nur du allein. Die Cheti fragte leise: Und in welcher Art ist meine Herrin enthalten?

Da rief der König: Mädchen, hast du denn ein Herz aus Stein? Kannst du mich nicht einen Augenblick vergessen lassen, woran ich ohnehin bei Tag und Nacht denke? Die Cheti fragte wiederum: O Herr, wollt Ihr denn meine Gebieterin noch länger auf Euch warten lassen? Der König fuhr bei ihren Worten auf, als schlüge man ein edles Pferd. Er rief: Cheti, vergifte mir nicht den Nektar unseres letzten Morgens. Weiß ich doch selbst, daß mein Benehmen nicht das eines Anaryas[16] ist. Morgen werde ich meiner Pflicht Genüge tun und deiner Herrin einen Besuch abstatten, ich werde mich mit den Astrologen beraten und den Tag für die Hochzeitsfeierlichkeiten festsetzen. Heute aber, Cheti, laß mich allein dich anblicken, laß mich nur deine Stimme hören und bleibe bei mir bis zum Abend, damit ich aus deiner Gegenwart Kräfte schöpfe für den morgigen Tag.

Die Cheti sah ihn an mit sanften Augen und sagte: O Herr, wir müssen uns in das Schicksal ergeben, das uns die Götter bestimmt. Wisset, einst lebte ein König, der besaß viele Königinnen, und eine von ihnen hieß Shri. Sie war ihm die Liebste von allen, obwohl sie nicht schön war, doch sie war sanft und zart und dachte nie an sich. Und der König liebte sie so leidenschaftlich, daß er sein Reich, sein Leben und alle Schätze der drei Welten gegeben hätte, um zu verhindern, daß ihr ein einziges Haar gekrümmt würde. Eines Tages nun geschah es, daß ein Mann in seinem Reiche ein Verbrechen beging, und der König befahl, daß man ihn augenblicklich mit dem Tode bestrafe. Und so geschah es. Nach einiger Zeit aber kamen die Priester zu ihm und sprachen: O König, dieser Mann, der durch Euren Befehl getötet wurde, war ein Brahmane, und die Götter sind erzürnt[17]. Wenn Ihr sie nicht durch ein großes Opfer besänftigt, dann werden sie Euch und Euer Reich vernichten. Der König erwiderte ihnen: Welches Opfer, Ihr Priester, soll vollzogen werden? Die Brahmanen antworteten: Diejenige Eurer Königinnen, die Euch die Liebste ist, muß sterben. Entsetzen und Furcht überkamen den König, und er dachte an Shri und log: Die Königin, die ich am meisten liebe, ist Priyardashini, denn sie ist die schönste von allen. Die Brahmanen erwiderten: So laßt uns morgen das Opfer vollziehen! Und sie gingen fort. Am nächsten Morgen hatte sich das Volk in großer Menge um den Opferstein versammelt, und der König saß auf seinem Sitz nahe dabei. Man führte das Opfer herbei, tief verhüllt von einem

Schleier, und der Priester stand mit seinem Messer bereit. Doch als man den Schleier entfernte und der König aufsah, da stand nicht Priyardashini vor ihm, sondern Shri. Entsetzt sprang er auf, die Welt entschwand seinen Augen, und er wußte nicht mehr, was er tat. Mit einer Stimme wie Donner rief er: Nein, o nein, nicht Shri, nicht Shri! Doch der Priester erhob sein Messer – in diesem Augenblick warf sich der König wie ein Tiger über den Körper seines Weibes, und das niederfahrende Messer durchbohrte sein Herz. Shri aber erhob sich unter dem toten Leib ihres Gemahls und blickte benommen in die Menge, dann setzte sie sich nieder, legte des Königs Kopf in ihren Schoß, neigte sich über ihn und folgte ihm nach in die jenseitige Welt. Lähmendes Entsetzen legte sich über das Volk, und sie standen schweigend und warteten in Furcht. Nach langer Zeit sprach der Priester: Das Opfer ist vollendet, und die Götter sind besänftigt, denn sie haben für ein Leben zwei erhalten.

Als die Cheti so gesprochen hatte, legte sie die Blüte zu des Königs Füßen nieder und wandte sich zum Gehen. Der König aber trat vor sie hin, und seine Stimme zitterte vor Erregung, als er sagte: Cheti, du darfst mich nicht schon wieder verlassen! Erzähle mir noch eine Geschichte, damit ich dem Klang deiner Stimme lauschen kann, oder sage nichts, sondern bleibe einfach hier und laß mich dich betrachten. Und die Linie deiner Braue, dein Lächeln und der Glanz deiner dunklen Augen werden mit meiner Seele verschmelzen wie eine nie verblassende Farbe und mich vor Verzweiflung bewahren, wenn du fort bist. Die Cheti trat zu ihm, legte ihre Hand auf seinen Arm und sprach: O König, jetzt muß ich gehen, denn es ist Zeit. Doch sicher sendet meine Herrin mich abermals, denn viel ist zu ordnen für den morgigen Tag. Und mit einem Lächeln wandte sie sich um und eilte fort. Der König stand, ohne sich zu regen, und sah ihr nach, dann bückte er sich nach der Blüte und sprach: Shami, du hast Feuer in deinem Herzen wie ich! Und was der Ashvatta für dich ist, das ist dieses Mädchen für mich[18], denn allein die Berührung ihrer Hand vermag mich zu entflammen. Der König ging nicht zum Tempel zurück, sondern blieb am Rande des Lotosteiches stehen und wartete dort auf die Cheti.

Währenddessen stieg die Sonne immer höher in den Himmel, und die Stunden verrannen. Des Mittags weiße Hitze breitete sich aus und wurde groß und mächtig. Die Lotos schimmerten wie ein Silberteppich auf dem Teich, der unter ihnen ruhte. Die Fische schlummerten im Wasser, und die Vögel auf den Bäumen, die Bienen waren des Summens müde geworden und lagen trunken in den Lotoskelchen. Es schwieg der Wald, als läge er in tiefster Ohnmacht, und kein Hauch bewegte die Blätter in den Zweigen. In dieser Stille stand der König und wartete auf Madhupamanjari. Plötzlich erblickte er sie an der gleichen Stelle, an der sie unter den Bäumen verschwunden war. Sie stand regungslos wie ein auf Marmor gemaltes Bild und sah auf den König, den eine Woge des Entzückens erfaßte und dessen Ohren vom Hämmern seines Herzens dröhnten. Da löste sich Madhupamanjari aus dem Bann, der über ihnen beiden lag, und schritt langsam auf den König zu, bis sie dicht vor ihm stand. Und sie sagte: O König, meine Herrin sendet mich zu Euch und erbittet sich einen Lotos von Eurer Hand!

Der König sah sie an, wie sie vor ihm stand und ihre Augen niederschlug, so daß ihre langen Wimpern wie Schatten über ihren Wangen hingen. Mehrmals setzte er zum Sprechen an, doch die Worte erstarben auf seinen Lippen. Ohne sich zu regen, standen sie voreinander in der Glut des Mittags und waren eingeschlossen in das Schweigen um sie her. Schließlich fand der König seine Sprache wieder und sagte: Cheti, kannst du mir sagen, ob ich dich liebe oder nicht? Über Madhupamanjaris Gesicht breitete sich dunkle Röte wie eine Feuersbrunst, und sie antwortete langsam: Der Arzt, der die Anzeichen nicht weiß, kann die Krankheit nicht erkennen. Der König trat auf sie zu und sprach: Cheti, einst, als ich dachte, ich liebe dich, war mein Gefühl für dich nicht das gleiche wie heute. Und wenn es damals Liebe war, kann es heute keine sein, und ist es heute Liebe, dann war es damals keine. Die Anzeichen aber, nach denen du fragst, sind diese: Wenn ich dich sehe, breitet sich Dunkelheit über meine Augen, und Feuer zersprengt meine Adern; der Klang deiner Stimme macht mich benommen und brennt mich wie die Berührung von Eis; Schauer rinnen durch meine Glieder, in meinen Ohren hallt betäubendes Dröhnen, und ich weiß nicht mehr, was ich tue. Tränen stehen in meinen Augen, und doch möchte ich vor Freude lachen, meine Stimme versagt, meine Kehle brennt, ich will atmen und kann es nicht, und mein Herz wird wie von eisernen Banden gepreßt. Und was mich sonst bestürmt, kann ich dir nicht nennen, nur das eine weiß ich, wo du bist, da ist Leben, und wo du nicht bist, da ist Tod. Madhupamanjari schwieg. Ihre Lippen zitterten, Tränen standen in ihren Augen, und langsam hob und senkte sich ihre Brust. Schließlich blickte sie ihn an, und ein Lächeln schimmerte durch ihre Tränen. Sie sagte: O König, diese Worte sind für meine Herrin und nicht für mich bestimmt, und es ist besser, daß ich gehe. Da tat der König einen tiefen Atemzug und sprach: Cheti, von hier wirst du nicht fortgehen, denn du nähmest mein Leben mit dir. Und er trat auf sie zu, zog sie in seine Arme und hielt sie fest. Die Cheti wehrte und sträubte sich – und plötzlich rief sie halb ängstlich, halb lachend: O Aryaputra[19], laßt mich doch! Wißt Ihr denn immer noch nicht, daß *ich* die Königin bin?

Der König fuhr zurück, als hätte man ein Schwert in seine Brust gestoßen, und er stand wie zu Stein erstarrt. Er sah Madhupamanjari an, zuerst verwundert, dann ungläubig und schließlich entzückt. Und er rief: Lache nur, du trügerische Cheti, denn dein Lachen ist Musik in meinen Ohren. Doch sage mir, wie es kommt, daß gerade du, die ihre Herrin vor jedem Trug bewahren wollte, mich die ganze Zeit belogen hast.

Augenblicklich hörte Madhupamanjari auf zu lachen. Sie nahm den König bei der Hand, führte ihn zu den Stufen und sprach: Setzt Euch, mein Gemahl, und ich will Euch alles erklären. Dann kniete sie zu seiner Rechten nieder, legte seine eine Hand um sich und nahm seine andere in ihre beiden Hände. Sie sagte: Wisset, als mein Vater einen Boten zu Euch sandte, schickte ich ihm heimlich einen meiner Diener nach. Dieser brachte mir Euer Bildnis und berichtete mir alles über Euch. So kam es, daß ich Euch liebte, lange bevor ich Euch sah! Und ich wollte, daß auch Ihr mich lieben solltet, und kam allmorgendlich als Botin zu Euch. Jetzt aber werde ich Euer Weib sein, und durch mich werdet Ihr den Nektar des Lebens kosten. Denn wenn Ihr freudig seid, werde ich Eure Freude mehren, und wenn Ihr traurig seid, werde ich Euren Kummer zerstreuen, wenn Euch wohl ist, werde ich Euch erheitern, und wenn Ihr krank seid, werde ich Euch heilen. Wenn Ihr mich nicht wollt, dann werde ich fern sein, und wenn Ihr nach mir verlangt, dann werde ich bei Euch sein. Und wenn ich vor Euch sterbe, dann ist es gut, doch wenn Ihr mich zurücklaßt, dann will ich Euch durch das Feuer folgen. Denn wie ein Traum, wie das Licht des Mondes oder wie

das Spiegelbild im Wasser werde ich in nichts zergehen, wenn das, was meinem Dasein Wirklichkeit verlieh, geschwunden ist. Ich werde Euer Schatten sein und Euer Echo, Eure Dhruva und Arundhati, Eure Rati und Radha, Eure Chakri und Kshetrabhumi, Eure Shakti[20] und Euer anderes Ich. Ich werde Euch Nektar und Kampfer und Lotos sein, und Ihr werdet durch mich die Essenz Eures Daseins kosten. Und Ihr werdet erkennen, daß es ohne mich leer war wie ein Morgen ohne Sonne, wie eine Nacht ohne Mond.
Der König nahm ihren Kopf und hielt ihn in seinen Händen. Er blickte in ihre Augen und wußte, daß ihre Worte ein Bekenntnis der Wahrheit waren. Dann riß er sich von ihr los und stand auf, denn der Ansturm der Freude war mehr, als sein Herz ertragen konnte. Er sagte: Cheti, hast du nicht etwas vergessen? Wolltest du nicht deiner Herrin einen Lotos bringen?
Madhupamanjari lachte in hellem Entzücken und sprach: O König, wir wollen ihn gemeinsam pflücken. Und während sie die Stufen hinabschritten, betrachtete der König sie von der Seite und dachte: Noch hat sie mich nicht geküßt. Am Rande des Teiches fanden sie eine Lotosblume, und der König sagte: Pflücke du sie, ich aber werde dich halten, damit du nicht fällst. Er hielt sie in seinen Armen, und sie neigte sich über den Teich. Im Spiegel des Wassers erschien ihr Antlitz, und der König flüsterte in ihr Ohr: Zwei Gesichter sehe ich statt einem von dir. Welches küsse ich und welches wird mich küssen, das der Cheti oder das der Königin?
Madhupamanjari streckte ihre Hand nach der Lotosblume aus und pflückte sie. Dann wandte sie sich zu dem König und sagte: O mein Gemahl, Ihr werdet sie stets beide zugleich küssen, das der Dienerin und das der Herrin.

Anmerkungen

1 Maheshvara, der ‹Große Gott› oder Shiva, ist die bedeutendste Gestalt im indischen Pantheon; seine Namen und Erscheinungsformen sind ungezählt. Er ist der große Asket mit dem lohfarbenen Haar, der mit seinem mystischen dritten Auge, seinem Seherauge, die Welt überblickt und durchdringt. Er ist die Zerstörung und der Tod, er ist der Zeugungsgott, der unter dem Symbol des Lingam verehrt wird, und er ist der große Tänzer, der den Weltuntergangs- und Weltschöpfungstanz tanzt. In der Mythologie findet vor allem seine Liebe zu Parvati, der Tochter des Bergkönigs Himalaya, in ungezählten Legenden ihren Niederschlag.
Die Anrufung spielt auf eine wichtige Begebenheit in der Mythologie an: Kama, der Liebesgott, versuchte einst Shiva, der in tiefer Meditation auf seinem Sitz im Kailash saß, zu stören. Da vernichtete ihn Shiva mit einem lodernden Flammenblick aus seinem dritten Auge und verbrannte ihn zu Asche.

2 Die Inderinnen färben sich ihre Füße und Handflächen rot mit Henna, einem Pflanzensaft, der seine Farbe erst an der Luft entwickelt.

3 Ein sehr wichtiger Tag im hinduistischen Kalender, der sich nach den Mondphasen richtet.

4 In allen Liebesgeschichten der Hindus gibt es die ‹Cheti› (sprich Tscheti) oder ‹Sakhi›, die die Dienerin oder Vertraute der Heldin ist. Die Heldin spricht meist nicht selbst, woran sie Scheu, Erregung oder aber die strengen Sittengesetze, die für die Frauen des Ostens gelten, hindern. Die Botschaften und Gespräche werden durch die Cheti übermittelt.

5 Ein Guru ist der geistige Lehrer und Berater eines Inders, der in dessen Leben eine außerordentlich wichtige Rolle spielt.

6 Rishi: ein Einsiedler, ein Weiser oder heiliger Lehrer.

7 Ein schwer zu übersetzendes Wortspiel aus dem Sanskrit mit dem Wort ‹satyam›, das ‹das Seiende› bedeutet. Es ist einer der großen metaphysischen Grundbegriffe Altindiens und kann auch mit ‹das Ewig-Wirkliche› übersetzt werden. In diesem Wort ‹satyam› ist aber auch ‹sati› enthalten, das die über den Tod hinaus ergebene und treue Frau bedeutet.

8 Madhupamanjari: eine Blütentraube für die Honigtrinker.

9 Mondstein: ein Edelstein, der die legendäre Eigenschaft besitzt, im Schein des Mondes eine Flüssigkeit auszusondern, die sich aus den Bestandteilen des Mondes zusammensetzt.

10 Anspielung auf den Mythos von der Quirlung des Weltmeeres durch die Götter, bei der u.a. magische Edelsteine emporgewirbelt werden.

11 Sandel: eine Holzart, deren Duft in Indien besonders geschätzt wird. Er gilt als beruhigend, reinigend und kühlend.

12 Mit dieser Beschreibung ist Alaka gemeint, das Elysium der Hindus, das von überirdischen Genien bewohnt wird. Es ist auf unvergängliche Weise von Kalidasa in seinem ‹Wolkenboten› verherrlicht worden.

13 Kama, der Gott der Liebe: Sein Bogen besteht aus Blumen und seine Bogensehne aus einer Reihe Bienen.

14 Die weißen Lotos sind die Mondlotos, die roten die Sonnenlotos.

15 Eine Apsara ist eine himmlische Tänzerin.

16 Anarya: ein Herr.

17 Nach dem Gesetzbuch des Manu erwartet denjenigen, der einen Brahmanen tötet, die furchtbarste Strafe. Auch ein König durfte unter gar keinen Umständen

einen Brahmanen töten lassen, selbst wenn dieser ein schweres Verbrechen beging.

18 Nach der Legende entstand das erste Feuer, als man das Holz des Shami- und des Ashvattabaumes miteinander rieb. Kalidasa, der Dichter, nennt den Shami denjenigen, der Feuer in seinem Herzen hat!

19 Aryaputra: eine Form der Anrede, mit der eine hochkastige Frau ihren Gatten anspricht. In Indien spricht die Frau ihren Mann in der dritten Person an, ein Zeichen ihres Respektes und ihrer Ergebenheit.

20 Dhruva: der Polarstern (eine Anspielung auf die indische Hochzeitszeremonie, während der der Bräutigam der Braut den Polarstern zeigt, als Symbol der Unwandelbarkeit und Treue).
Arundhati: die Beschützerin der indischen Heiraten und gleichzeitig das Vorbild einer vollendeten Frau.
Rati: die Frau des Liebesgottes.
Radha: die Geliebte von Krishna.
Chakri: ein Vogel, der sich ohne seinen Gefährten vor Gram verzehrt und stirbt.
Kshetrabhumi: ‹ausschließlicher, alleiniger Besitz› (ein schwer zu übersetzender Begriff aus der im Mythischen wurzelnden Vorstellungswelt des Inders).
Shakti: Kraft, die weibliche Potenz oder Energie einer Gottheit, die diese zum Handeln befähigt.

Nachwort

Eigentlich bedürfte diese zarte kleine Erzählung keiner Erläuterung, sie spricht für sich selbst, und der Leser kann sich ihr von den verschiedensten Seiten her nähern. Die beste wäre wohl, sich von der vorherrschenden Stimmung gefangennehmen zu lassen, von den zarten, an alte Miniaturen erinnernden Bildern, durch die sich die Handlung bewegt; von den fremdartig klingenden Blumennamen, hinter denen man eine versteckte Symbolik ahnt; von dem leicht Belehrenden der eingestreuten Geschichten, die zwar keineswegs fordern, doch darum zu bitten scheinen, daß man etwas tiefer in sie eindringt, sie gleichsam von innen betrachtet. Man könnte sich der Erzählung aber auch von ihrer Melodik her nähern, von dem Liedhaften ihres Ablaufes – in Indien ‹Raga› genannt –, von dem kunstvollen Verwobensein der zwei Fäden, die das Thema bilden, jenem spielerisch geknüpften der Liebesgeschichte, die als Rahmen das Ganze zusammenhält, und jenem schwerfällig geknoteten Faden der einzelnen Geschichten, die das feste, dichte Gewebe des Stoffes bilden. In der Art, wie diese beiden Themen einander ablösen wie in einem alten Gesang, läßt sich der echte Ursprung der vorliegenden Erzählung erkennen. Sie hatte sicher einen langen Weg durch Zeit und Raum zurückzulegen, bis sie in ihrer heutigen Gestalt zu uns kam.

Ich möchte nun dem Leser als dritte Möglichkeit, sich der Erzählung zu nähern, noch einige ihrer inneren Bilder aufzeigen, die in der einfachen und starken Symbolsprache Indiens ausgedrückt werden. Dem Menschen des Ostens, der von alters her weiß, daß alle Erscheinungen und Formen dieser Welt nur Spiegelungen einer erweiterten Wirklichkeit sind, gäbe es hier nichts zu erklären, er verstünde den Inhalt jedes Bildes spontan – genauso wie er den Sinn der rasch aufeinanderfolgenden Posen und Handhaltungen im indischen Tanz sofort erfaßt. Der westliche Leser aber, nun schon seit langem den alten Bezügen entfremdet, mag einen kurzen Hinweis vielleicht interessant finden.

Der Originaltitel der Erzählung, der nicht ins Deutsche zu übernehmen war, lautet ‹A Heifer of the Dawn› – eine junge Kuh in der Morgendämmerung. Die frühe Morgendämmerung ist die Stunde des Erwachens in der Kreatur, in der ganzen Schöpfung. Für den indischen Menschen ist es die Stunde des Gebetes, der Versenkung, die Zeit für das Entzünden der Opferfeuer. Sie wird ‹Brahma-muhurta› genannt – die

Stunde Brahmas. Für den Menschen ist es also vor allem die Stunde seines geistigen Erwachens, seiner Erkenntnis. Die Morgendämmerung ist Usha, das strahlende Mädchen, die als Bringerin der Wahrheit, aber auch der Freude und der Glückseligkeit besungen wird. In ihrem Gefolge befinden sich die Kühe, die ‹leuchtenden Herden›, verkörpert durch die hervorbrechenden Lichtstrahlen der Sonne. ‹Go› ist der Sanskritausdruck für Kuh, ‹Go› heißt aber ebenfalls Licht. Die Kuh, das heilige Tier Indiens, ist ein altes Lichtsymbol, ein Symbol für das geistige Licht, die geistige Erhellung, die auf die Nacht der Unwissenheit folgt. In unserer Geschichte finden die Begegnungen zwischen dem König und der Cheti in der Morgendämmerung statt, in der Stunde des aufgehenden Lichtes. Die Cheti aber wird eine junge Kuh genannt, sie gehört jenen leuchtenden Herden an, die der Spur der Usha folgen, sie ist nicht nur die Lichtbringerin, sie ist ein Bestandteil des Lichtes selbst. Und wir dürfen annehmen, daß durch die Vereinigung mit ihr der König zu einem neuen, höheren Sein geführt werden wird.

Um diesen sehr alten Gehalt zu erkennen, muß man natürlich die Erzählung von dem in Jahrhunderten gewachsenen Beiwerk entkleiden, man muß gleichsam bis zu ihrem Kern vordringen. Voller innerer Aussage sind aber auch die farbigen Blumen mit ihren fremd klingenden Namen, die uns eine unbekannte Welt ahnen lassen. Doch ihr unmittelbarer Bezug zu den einzelnen Geschichten ist unbekannt, und das einstmals Gewußte verliert sich hier im Dunkel der Zeit. Ich füge dennoch einige allgemeine Betrachtungen über die Blumen hinzu und hoffe den Leser damit ein winziges Stück weit in jenes Land zu führen, das uns Heutigen plötzlich so viel zu sagen hat – Indien.

Der Mangobaum ist *der* Fruchtbaum Indiens, sein Besitz bedeutet Reichtum und Wohlstand, und seine kühlen, das Tageslicht beinahe ausschließenden Haine spenden dem Wanderer Schatten, heute und vor 3000 Jahren. Seine unscheinbaren Blütenrispen blühen im Frühjahr und verströmen süßen, schweren Duft. In alten Dichtungen finden wir ihn häufig zusammen mit dem Kokila erwähnt, dem indischen Kuckuck, dessen wohltönender Gesang in den Menschen die Sehnsucht nach Liebe erweckt. – Auch der Patalibaum blüht im Frühling, und der Frühling steht immer in Zusammenhang mit der Liebe, ‹er ist der Liebe reines Lächeln›, wie der Dichter sagt. Die Pataliblüte ist von einer

ganz bestimmten roten Farbe, ‹Mangala› genannt. ‹Mangala› heißt aber nicht nur der Planet Mars, ‹Mangala› heißt auch das rote Zeichen, das sich die glücklich liebende Frau auf ihre Stirne tupft. ‹Mangala› ist glückverheißend, es bedeutet Liebe und Freude. – Die zarte, wächserne Blüte des Jasmins – der ganz anders als der hiesige Jasmin ist – verkörpert Reinheit, die durch ihre weiße Farbe ausgedrückt wird. Auch sie duftet süß und schwer, und die indischen Frauen flechten sich die zusammengebundenen Blüten ins Haar. Kamadeva, der Liebesgott, trägt sie stets bei sich in Form eines seiner fünf Blumenpfeile, der aus Jasminblüten besteht. Und Kalidasa, der Dichter, vergleicht die biegsamen Körper der Frauen mit den rankenden Zweigen des Jasmins. – Der Lotos ist *die* Blüte Indiens, so wie der Mango *die* Frucht Indiens ist. Er drückt Schönheit und Harmonie und Vollkommenheit aus und ist, ähnlich der Rose unseres Mittelalters, ein Symbol für die geistige Vollendung überhaupt, deren ein Wesen fähig ist. – Die Shirishablüte ist der Inbegriff aller Sanftheit und Zartheit, und Kalidasa vergleicht sie mit den Armen einer Frau. In seinem herrlichen Gedicht ‹Der Wolkenbote› beschreibt er die Mädchen von Alaka, der elysischen Stadt, mit Lotos in ihren Händen, mit Jasmin im Haar und mit Shirishablüten an den Ohren. – Der Kadambabaum, der zahlreich an den Ufern der heiligen Jamuna vorkommt, ist aufs engste mit Gott Krishna verbunden. Auf ihm saß der Gott, als er, die Flöte spielend, die badenden Mädchen, die Gopis, verwirrte. – Zwischen dem Wesen eines Baumes und dem Wesen einer Frau besteht in indischer Vorstellung eine tiefe, innige Beziehung. So sagt man vom Ashokabaum, daß er zu blühen beginnt, wenn eine Frau ihn mit dem Fuß berührt, und vom Amaranth, daß er blüht, wenn eine Frau ihn umarmt.
Usha R. Patel, die Malerin, lebt ihr nach innen gerichtetes und gleichzeitig weit geöffnetes Leben im Shri Aurobindo Ashram in Pondicherry in Südindien. Sie ist in der dortigen Schule als Lehrerin tätig. In der ihr verbleibenden Zeit setzt sie innerlich Geschautes in Farbe um. Blumen, deren Symbolik und Darbringung eine überaus wichtige Rolle im Ashram spielen, malt sie mit besonderer Liebe. Aber auch anderes. Ihre Bilder, obgleich Spiegelungen, sind durchaus nicht immer abstrakt, sie geben in kindhaftem Offensein unmittelbar Empfundenes wieder.

Wallis, Frühjahr 1972 — Elisabeth Beck

Dieser einundzwanzigste Band in der Reihe der Basler Drucke des Birkhäuser Verlages zu Basel erscheint auf Weihnachten 1972. ‹Der Blumenspiegel› wurde von einem alten Sanskritmanuskript von F. W. Bain ins Englische übertragen. Die deutsche Übersetzung und Neubearbeitung besorgte Elisabeth Beck. Die zweiundzwanzig farbigen Aquarelle stammen von Usha R. Patel. Der Druck erfolgte in sechsfarbigem Faksimile-Bogentiefdruck auf Zerkall-Büttenpapier. Für die typographische Gestaltung zeichnet Albert Gomm. Satz, Druck und Einband besorgte die Offizin Birkhäuser AG, Basel. Der Band erscheint in einer einmaligen numerierten Auflage von 2500 Exemplaren.

Dieses Exemplar trägt die Nummer 1182